Ahmed ISSOUFOU IMADAN

Manual para o dimensionamento de um sistema de bombagem solar fotovoltaico

Ahmed ISSOUFOU IMADAN

Manual para o dimensionamento de um sistema de bombagem solar fotovoltaico

ScienciaScripts

Imprint

Any brand names and product names mentioned in this book are subject to trademark, brand or patent protection and are trademarks or registered trademarks of their respective holders. The use of brand names, product names, common names, trade names, product descriptions etc. even without a particular marking in this work is in no way to be construed to mean that such names may be regarded as unrestricted in respect of trademark and brand protection legislation and could thus be used by anyone.

Cover image: www.ingimage.com

This book is a translation from the original published under ISBN 978-620-6-71363-0.

Publisher:
Sciencia Scripts
is a trademark of
Dodo Books Indian Ocean Ltd. and OmniScriptum S.R.L publishing group

120 High Road, East Finchley, London, N2 9ED, United Kingdom
Str. Armeneasca 28/1, office 1, Chisinau MD-2012, Republic of Moldova, Europe
Printed at: see last page
ISBN: 978-620-7-66692-8

Introdução geral

As fontes de energia convencionais, como a energia nuclear e os combustíveis fósseis (carvão, petróleo e gás), provêm de reservas limitadas de materiais extraídos do subsolo terrestre. Cada uma destas fontes, quando utilizada, tem consequências mais ou menos significativas a longo prazo para o ambiente, que tendem a ser mais bem controladas: poluição atmosférica, alterações climáticas, contaminação radioactiva.... .... As fontes de energia renováveis, pelo contrário, são limpas e ilimitadas, a sua utilização não polui a atmosfera e não produz gases com efeito de estufa, como o dióxido de carbono e os óxidos de azoto, responsáveis pelo aquecimento global. As fontes destas energias podem ser: o vento (turbinas eólicas), a água (hidroeletricidade), a vegetação (biomassa), o sol, que pode ser utilizado de duas formas:

- o seu calor pode ser concentrado para aquecer água quente sanitária, edifícios, secadores, ou um fluido circulante para produzir eletricidade através de um alternador ou de uma dinamo-eléctrica: é a energia solar térmica.

- a sua luz pode ser convertida diretamente em corrente eléctrica através do efeito fotovoltaico (que será estudado nesta tese).

Desde a descoberta da energia fotovoltaica, a utilização da energia solar tornou-se uma das aplicações mais promissoras: nos países desenvolvidos, onde a energia solar fotovoltaica é mais utilizada atualmente, é geralmente utilizada para complementar a energia eléctrica para uso doméstico em zonas urbanas, e os painéis solares são colocados nos telhados das casas.

Nos países em desenvolvimento, na sua maioria equatoriais ou tropicais e, por conseguinte, muito ensolarados, e com muitas localidades onde não existe rede eléctrica, a energia fotovoltaica não deveria, portanto, ter concorrência. Isto é ainda mais verdadeiro no caso das aplicações de bombagem de água nos países do Sahel, como o Níger, onde a procura máxima de água é igualada por uma disponibilidade óptima de recursos solares.

No entanto, é de notar que a bombagem de água nos Estados do Sahel é geralmente efectuada com o objetivo de satisfazer as necessidades de água potável da população, dos agricultores e do gado em regiões onde não está prevista ou disponível uma rede de distribuição de água.

Estudos teóricos e experimentais [8] demonstraram que a bombagem solar de água para rega gota a gota é o melhor compromisso para o desenvolvimento da agricultura nos países do Sahel, devido à poupança de água que este sistema de rega proporciona.

No entanto, uma vez que um sistema de bombagem de água é constituído por um grande número de componentes operacionais, cada um dos elementos constituintes deve ser corretamente dimensionado. Para tal, o estudo apresentado nesta dissertação centra-se no dimensionamento de determinados componentes e nos critérios de seleção dos restantes componentes de um sistema de bombagem solar fotovoltaico, de forma a conceber um sistema eficiente, fiável e economicamente rentável.

Objectivos de trabalho

Objetivo geral

Conceção de um sistema de bombagem solar fotovoltaico de elevado desempenho e rentável

Objectivos específicos

- ➢ Determinar a energia produzida pelo sistema em função da quantidade de luz solar no local
- ➢ Determinar o caudal real da bomba instalada
- ➢ Dimensionamento do sistema fotovoltaico
- ➢ Realizar um estudo económico do sistema instalado

Este estudo será estruturado em quatro capítulos (4) divididos da seguinte forma:

-O primeiro capítulo apresenta a organização de acolhimento e o objetivo do trabalho.

-O segundo capítulo será primeiramente dedicado a informações gerais e a uma apresentação dos componentes de um sistema de bombagem solar fotovoltaico.

-O terceiro capítulo propõe um modelo de seleção e dimensionamento de um sistema de bombagem solar, que será aplicado a um caso real.

O último capítulo centrar-se-á na verificação do desempenho do sistema instalado, a fim de avaliar a rentabilidade económica do sistema em comparação com a utilização de fontes de energia convencionais, e concluirá com recomendações.

Este estudo termina com uma conclusão geral.

CAPÍTULO 1: APRESENTAÇÃO DA ESTRUTURA DE ACOLHIMENTO

1.1.   Apresentação do Centro Nacional Francês de Energia Solar (CNES)

1.1.1. História

O Centro foi criado em maio de 1965, inicialmente com o nome "Office de l'Energie Solaire", sob o acrónimo "ONERSOL" e com o estatuto de Estabelecimento Público Industrial e Comercial (EPIC). Este estatuto conferia à organização a missão de realizar simultaneamente :

✓ Investigação e desenvolvimento de sistemas baseados na energia solar;

✓ E testes, fabrico e comercialização de protótipos seleccionados pela sua funcionalidade.

Com a criação de uma unidade de produção de equipamentos solares, nomeadamente de termoacumuladores solares, a entidade teve um sucesso estrondoso tanto a nível nacional como sub-regional. Desde a instalação da fábrica em 1976 e 1989, a ONERSOL produziu e comercializou :

✓ 570 aquecedores de água de 200 litros/dia ;

✓ 100 filtros (depósitos de alumínio) para o Ministério da Saúde Pública (MSP);

✓ 100 caixas de gelo em alumínio para o M.S.P;

✓ 1.572 metros quadrados de colectores térmicos de placa plana.

No domínio da investigação e desenvolvimento, o Gabinete pode orgulhar-se de ter concebido e desenvolvido tecnologias que já antecipavam o futuro da energia solar em África, e mesmo no mundo. Estas incluem tecnologias como os colectores de placa plana com vidros múltiplos e concentradores solares para utilização como fontes de calor em motores térmicos.

Em 1982, o Instituto teve de ser reestruturado, nomeadamente devido à falência da Secção de Produção e Comercialização. Assim, foi decidido transformar a Secção de Investigação numa EPA com o nome de "Centre National de Recherche en Energies Nouvelles et Renouvelables (CNRENR)" e a Secção de Produção e Comercialização numa empresa semi-pública, a "Société Nigérienne d'Energies Nouvelles (SONIEN)".

Infelizmente, os textos elaborados para o efeito não foram adoptados pelas autoridades competentes e a reestruturação em questão não foi eficaz, mesmo com o desaparecimento da secção de produção. De facto, esta última foi liquidada em 1985 com o despedimento do seu pessoal.

Foi nesta situação de reforma inacabada e de conjuntura económica desfavorável que a ONERSOL continuou a funcionar da melhor forma possível até 1997, ano em que foi novamente reestruturada com a adoção da lei n.º 97-024 de 8 de julho, que criou, em substituição da ONERSOL, o Centre National d'Energie Solaire (CNES), com o estatuto de Estabelecimento Público Administrativo (EPA) tutelado pelo Ministério da Energia, enquanto o ONERSOL estava tutelado pelo Ministério do Ensino Superior e da Investigação.

1.1.2. Missões do CNES

Na sequência da mudança de estatuto, foram atribuídas à nova estrutura as seguintes responsabilidades

- ✓ Realizar investigação sobre a utilização das energias renováveis, nomeadamente a energia solar, e divulgar os resultados;
- ✓ Participar em estudos prospectivos e de diagnóstico sobre a utilização de energias renováveis em todos os sectores da economia nacional;
- ✓ Participar em acções de formação no domínio das energias renováveis.

1.1.3. A organização do CNES

O Centro é administrado por um Conselho de Administração cujos membros são nomeados por um período renovável de três (3) anos por despacho do Ministro responsável pela Energia.

Para além do Conselho Executivo, que é o órgão de direção, o Centro está estruturado em direcções, incluindo :

- ✓ O Departamento de Investigação e Desenvolvimento ;
- ✓ Departamento de Engenharia ;
- ✓ Departamento de Estudos, Acompanhamento e Avaliação ;
- ✓ Departamento de Administração e Finanças.

1.1.3.1. Departamento de Engenharia

Fiz o meu estágio profissional neste departamento. As suas tarefas incluem :

- Engenharia de projectos de energias renováveis (preparação de programas, identificação de projectos, estudo dos mesmos)
- Controlo da qualidade e da conformidade do equipamento de energias renováveis introduzido no Níger
- Lançamento e controlo dos trabalhos de instalação de equipamentos alimentados por energias renováveis.
- Monitorização e avaliação ex-post de projectos de energias renováveis.
- Estudos de mercado; estudos prospectivos (estudos prospectivos sobre o desenvolvimento das energias renováveis num contexto de energia sustentável).
- Assistência técnica aos organismos governamentais e ao sector privado na execução de programas de energias renováveis e na manutenção de equipamentos.

1.1.4. Infra-estruturas

O Centro tem :

- ✓ Um complexo laboratorial composto por 15 gabinetes e laboratórios,
- ✓ Uma cidade acolhedora ;
- ✓ Dois (2) sítios experimentais e de medição;
- ✓ Uma oficina para o fabrico de protótipos de equipamentos.

CAPÍTULO 2: INFORMAÇÕES GERAIS SOBRE A BOMBAGEM SOLAR FOTOVOLTAICA

Introdução

Muitas regiões dos países em desenvolvimento sofrem de falta de água, um elemento vital para as pessoas, o gado e a agricultura. A água que é tradicionalmente extraída (utilizando peles ou bombas alimentadas por energia tradicional) é insuficiente e frequentemente de má qualidade. Além disso, há problemas de manutenção e de abastecimento de combustível quando são utilizados geradores a gasóleo.

Como os países em desenvolvimento têm geralmente muito sol, a bombagem fotovoltaica, que pode fornecer água limpa e abundante sem intervenção, surgiu rapidamente como uma solução para o problema do abastecimento de água nas zonas rurais. São frequentemente utilizadas duas soluções:

- Bombagem sem pilhas ou "alimentada a energia solar" (o caso aqui estudado);
- Bomba alimentada por bateria

O sistema mais utilizado é o sistema de bombagem solar.

Neste capítulo, estudaremos todos os elementos essenciais que compõem um sistema de bombagem solar fotovoltaico, nomeadamente o gerador fotovoltaico, o grupo motobomba, os elementos de conversão e a secção de armazenamento.

2.1. Diagramas e descrição do princípio

Os painéis solares fotovoltaicos produzem energia eléctrica sob a forma de corrente contínua, que é convertida por um conversor estático para alimentar uma unidade de bomba submersível ou flutuante. A unidade de bomba consiste num motor AC monofásico, bifásico ou trifásico ou num motor DC comutado eletronicamente acoplado a uma bomba centrífuga de várias fases ou a uma bomba de deslocamento positivo, dependendo do caudal necessário.

A bomba centrífuga transmite a energia cinética do motor ao fluido através de um movimento rotativo de impulsores, enquanto a bomba de deslocamento positivo transmite a energia do motor através de um movimento helicoidal que literalmente impulsiona a água para a superfície. Os sistemas propostos consistem em módulos fotovoltaicos montados numa estrutura de suporte que é inclinada de acordo com a latitude do local, a fim de otimizar a produção fotovoltaica, ou que roda de acordo com a trajetória do sol. O sistema é completado por um conversor estático montado na superfície que converte a corrente contínua produzida pelo campo solar em corrente alternada ou contínua para alimentar o motor acoplado à bomba. Na saída da bomba pode ser colocado um reservatório para armazenar a água que será utilizada mesmo quando o sol não estiver a brilhar. As bombas também podem ser accionadas através da adição de baterias. Neste caso, é adicionado um banco de baterias à instalação, juntamente com um regulador de carga que gere o carregamento das baterias. Os painéis solares carregam as baterias durante o dia e a bomba pode ser utilizada durante a noite.

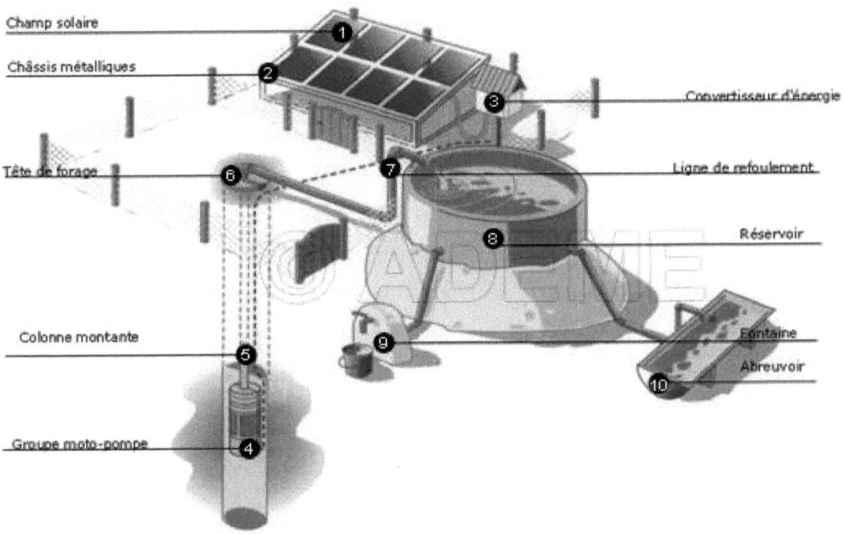

Figura 1Instalação de um sistema de bombagem solar fotovoltaico [5].

2.2. Gerador fotovoltaico

2.2.1. Efeito fotovoltaico

O fenómeno em causa é a interação da luz com os átomos. A radiação solar pode ser considerada como sendo constituída por partículas: os fotões, cuja energia varia com o comprimento de onda, e uma junção entre duas camadas semicondutoras (ou entre uma placa metálica e uma camada semicondutora). Cada camada está ligada a um condutor elétrico, pelo que existem dois fios para ligar a célula a um circuito elétrico externo.

7

$E_{photon} = h\nu$ em que $h = 6{,}62.10^{-34}J.s$ a constante de Planck e ν a frequência correspondente ao comprimento de onda $\lambda = \frac{C}{\nu}$ e $C = 3.10^{8}m.s^{-1}$ a velocidade de propagação da luz.

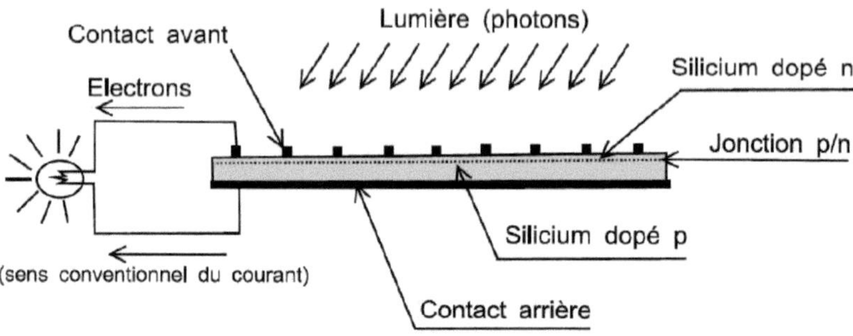

Figura 2Transformação da energia luminosa em energia fotovoltaica

2.2.2. Célula fotovoltaica

O elemento básico na conversão da radiação é a célula fotovoltaica.

Caracteriza-se pela sua baixa potência e baixa tensão (0,5 V a 0,6 V).

O material mais utilizado no fabrico de células fotovoltaicas é o silício, que é um semicondutor. Para serem utilizáveis, os pares eletrão-buraco devem ser dissociados no volume de material. Esta junção cria uma zona de campo elétrico elevado entre a zona N e a zona P, a uma distância da superfície escolhida igual a cerca de $0{,}3\mu m$uma zona de elevado campo elétrico. Qualquer portador, eletrão ou buraco, que tenha sido capaz de se difundir para esta zona de campo será drenado preferencialmente para um dos lados (electrões para a zona N e buracos para a zona P).

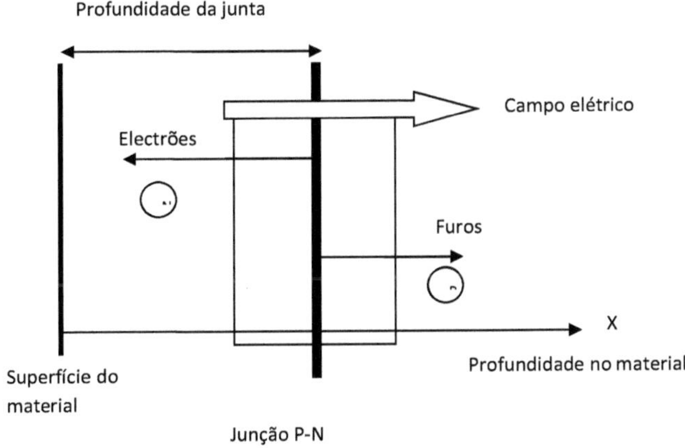

Figura 3Diagrama equivalente da junção P-N

2.2.2.1. Características heliométricas I = f(V)

A curva caraterística corrente-tensão ou I = f(V) ou "curva heliométrica" de uma célula ou módulo solar é caracterizada por uma relação entre a tensão U e a corrente I nos seus terminais. Esta relação é mostrada a seguir.

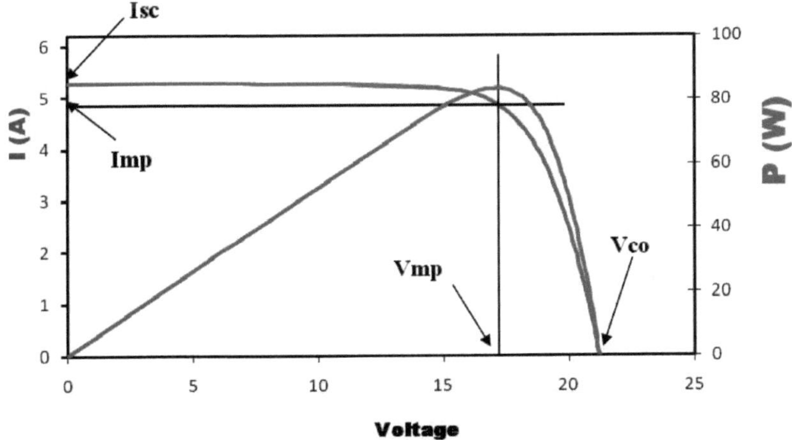

Figura 4Características corrente-tensão de uma célula fotovoltaica

2.2.2.2. Modelação de uma célula fotovoltaica

A célula fotovoltaica pode ser modelada da seguinte forma:

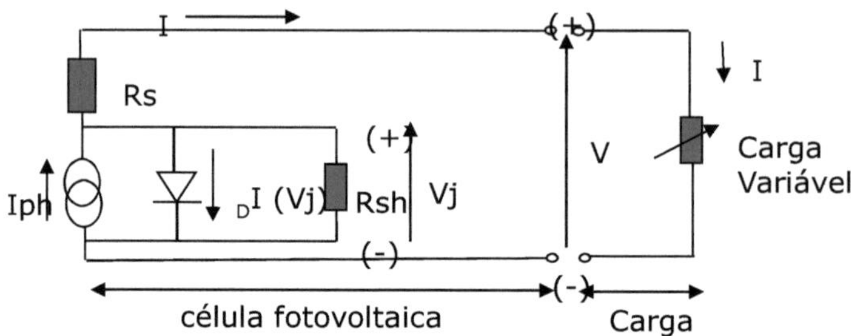

Figura 5Diagrama equivalente de uma célula fotovoltaica

2.2.2.3. Influência da luz solar na célula fotovoltaica

cccomPara uma dada temperatura (25°C, por exemplo), o valor da irradiação modificará a caraterística, não na sua forma geral, mas para os valores I_{CC}, V_{CO} e o produto (I_{mp}, vmp).

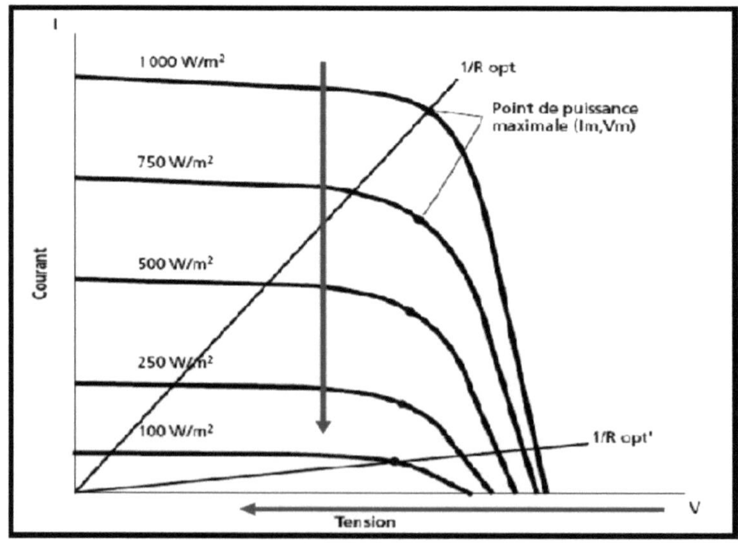

Figura 6Efeito da luz solar na célula fotovoltaica

2.2.2.4.　Tecnologias de células fotovoltaicas

Existem vários tipos de células solares:
- Células monocristalinas (15% - 22% de eficiência)
- Células policristalinas (eficiência 10%-13%)
- Células amorfas (5%-8% de eficiência)

2.2.3. Módulo solar fotovoltaico

Dadas as suas características eléctricas reduzidas (potência e tensão), várias células são interligadas em série (aumentando a tensão) e em paralelo (aumentando a potência) para formar um único gerador comercializável denominado módulo.

2.2.4. Painel solar fotovoltaico

Para obter níveis de potência elevados, os módulos têm de ser combinados em série - em paralelo - para formar um painel solar. Estes são ligados eletricamente e montados numa estrutura. O tamanho do painel é dado pela potência de pico. Para definir completamente o sistema, é necessário especificar como os módulos são agrupados.

2.2.5. Campo solar fotovoltaico

Uma matriz fotovoltaica é uma combinação série-paralela de módulos concebidos para atingir níveis de potência elevados (superiores a cem watts). As leis aplicáveis à célula elementar permanecem válidas para a matriz fotovoltaica.

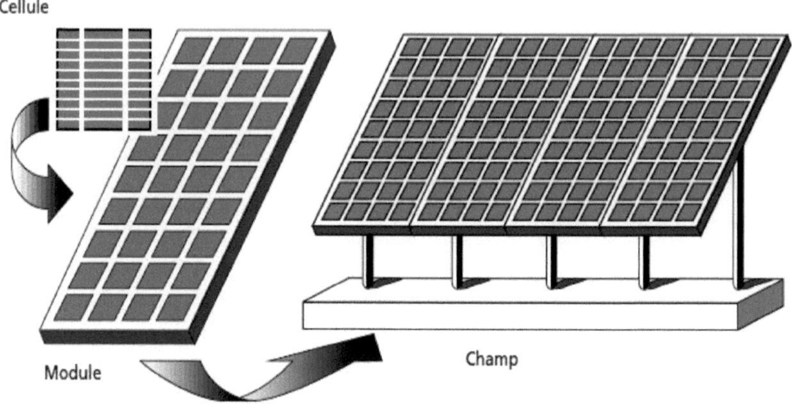

Figura 7Diagrama sumário do conjunto fotovoltaico [6].

2.3. Unidade de bombagem

As bombas podem ser classificadas de acordo com vários critérios: conceção da bomba (centrífuga ou de deslocamento positivo), posição no sistema (submersa ou à superfície) e tipo de motor utilizado (CC ou CA).

2.3.1. Classificação por projeto de bomba

 Uma bomba é um dispositivo utilizado para aspirar e descarregar um fluido. Existem dois tipos de bombas: as bombas centrífugas e as bombas de deslocamento positivo.

2.3.1.1. Bombas centrífugas

As bombas centrífugas utilizam as variações de velocidade do fluido bombeado para obter um aumento de pressão. A energia mecânica do motor é transmitida ao fluido. A velocidade dada ao fluido fornece-lhe energia cinética. A energia cinética é então transformada em energia de pressão.

As características das bombas centrífugas são :

- O binário de acionamento da bomba é praticamente nulo no arranque. (Particularmente interessante quando se utilizam módulos fotovoltaicos, uma vez que a bomba funciona mesmo com muito pouca luz solar).

- A sucção é reduzida ou nula. Devem ser escorvados para poderem funcionar, a fim de evitar qualquer risco de destruição em caso de secagem. Alguns são auto-ferrantes.

- Pode ser submerso ou montado à superfície.

- Vários estágios (gaiola + impulsor) podem ser sobrepostos para obter pressões elevadas.

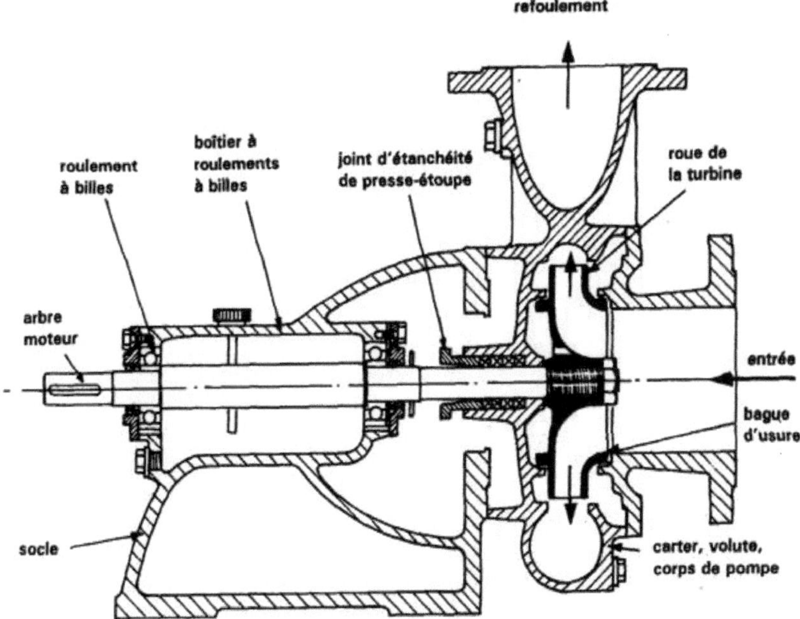

Figura 8Bomba centrífuga [6].

2.3.1.2.Bombas de deslocamento positivo

As bombas de deslocamento positivo, também conhecidas como bombas de cavidade progressiva (fig. 6), utilizam variações no volume do fluido que está a ser bombeado para obter um aumento de pressão. O fluido é primeiro aspirado, aumentando o seu volume, e depois descarregado, diminuindo o mesmo volume. As bombas de deslocamento positivo mais utilizadas são as bombas de pistões, de palhetas e de engrenagens.

As suas principais vantagens são as seguintes:

- São concebidos para caudais reduzidos e alturas elevadas;

- São altamente eficientes e as bombas de superfície são auto-ferrantes;

-O binário de arranque de uma bomba de deslocamento positivo (3 a 5 vezes o binário nominal) ;

- A principal vantagem das bombas de deslocamento positivo é a sua capacidade de transportar fluidos a pressões muito elevadas.

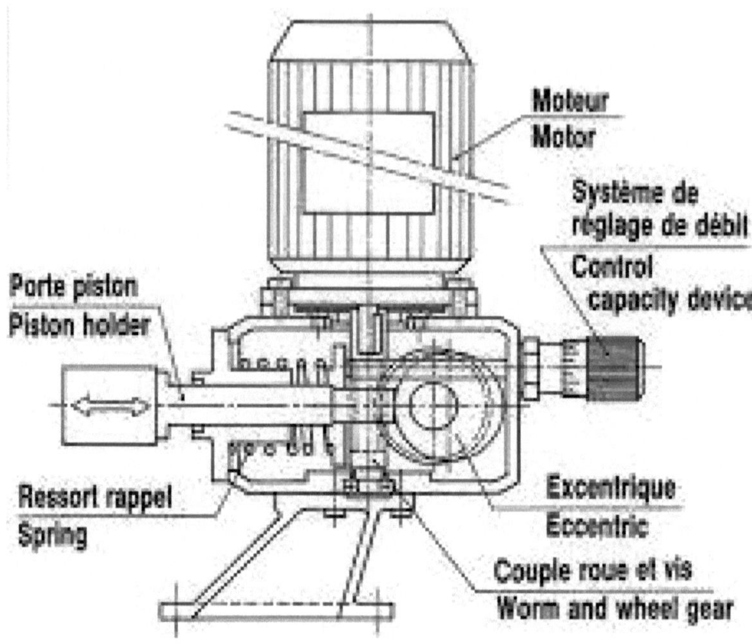

Figura 9Bomba volumétrica [6].

2.3.2. Classificação por posição da bomba

Em função da localização física da bomba, distinguimos entre : Bombas de superfície e bombas submersíveis.

2.3.2.1.Bombas de superfície

O termo superfície define a posição de uma bomba em relação ao líquido a bombear. Chama-se bomba de superfície porque foi concebida para ser colocada no exterior do líquido a aspirar.

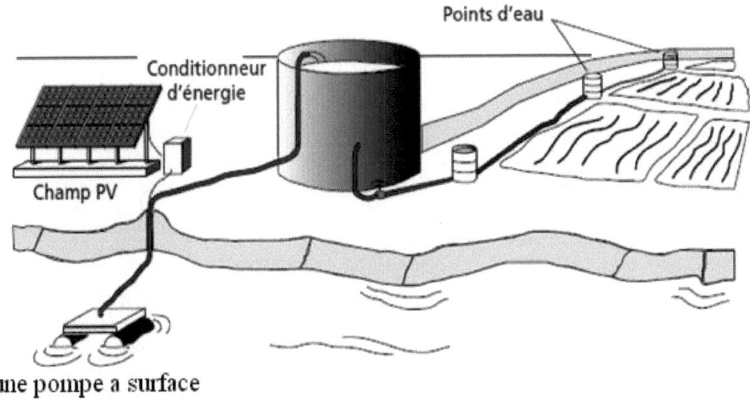

Figura 10Bomba de superfície [6].

2.3.2.2.Bombas submersíveis

As bombas de descarga são imersas na água e têm o motor imerso com a bomba (bomba monobloco) ou o motor à superfície. A potência é transmitida por um longo eixo que liga a bomba ao motor. Em ambos os casos, um tubo de descarga após a bomba permite elevar a bomba várias dezenas de metros, consoante a potência do motor.

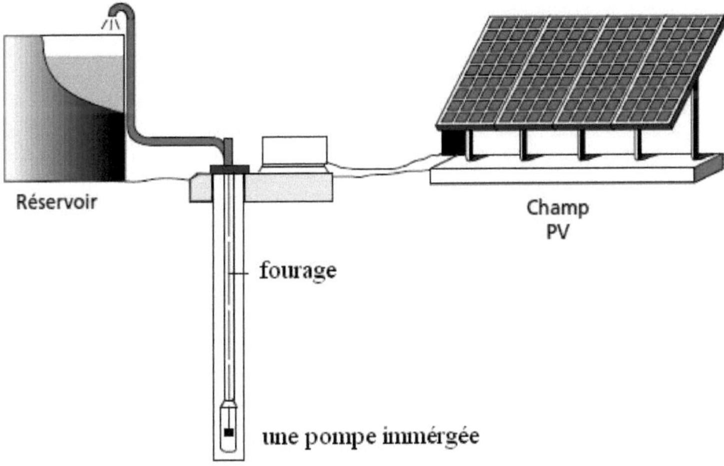

Figura 11Bomba submersível [6].

2.3.3. Classificação por motor utilizado

Um motor elétrico é um dispositivo eletromecânico que converte energia eléctrica em energia mecânica. Existem dois tipos de motores: os de corrente contínua e os de corrente alternada.

2.3.3.1.   Classificação por motor DC

A energia eléctrica aplicada a um motor é transformada em energia mecânica através da variação do sentido da corrente que circula numa armadura (normalmente o rotor) sujeita a um campo magnético produzido por um indutor (normalmente o estator). A corrente no rotor de um motor de corrente contínua é comutada por meio de escovas de carbono e grafite ou por comutação eletrónica.

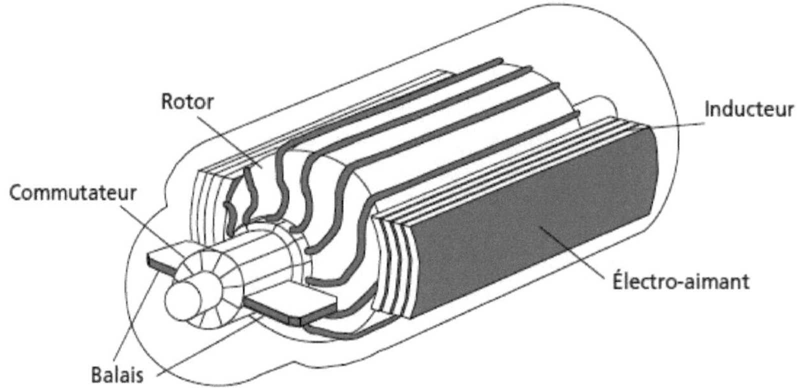

Figura 12Motor de escovas de corrente contínua [6].

2.3.3.2.Classificação por motor CA

Os motores CA assíncronos (gaiola de esquilo) são os mais utilizados numa vasta gama de aplicações industriais. São particularmente utilizados para bombagem submersível em furos e poços abertos. O advento de inversores eficientes permitiu que este tipo de motor fosse utilizado em aplicações de bombagem solar.

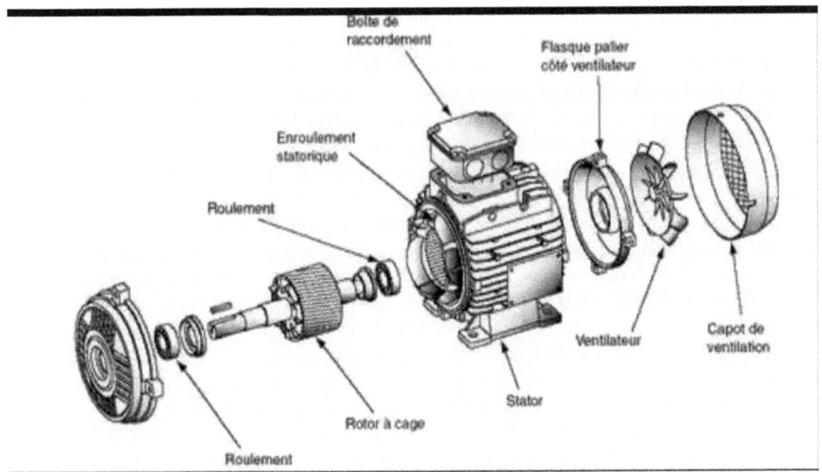

Figura 13Motor de corrente alternada [6]

2.4. Elementos de conversão

2.4.1. Conversor DC-DC (chopper)

Utilizado no caso de uma bomba montada num motor de corrente contínua. Caso contrário, o binário é direto.

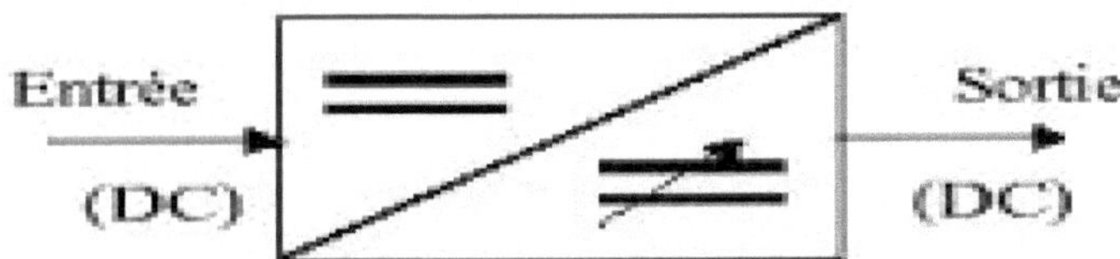

Figura 14Conversor DC-DC [6].

2.4.2. Conversor CC-CA (inversor)

A principal função do inversor é transformar a corrente contínua produzida pelos painéis solares em corrente alternada. O inversor de frequência variável transforma a corrente contínua dos painéis em corrente alternada monofásica ou trifásica, que é utilizada para o funcionamento da bomba. Esta transformação é efectuada com um excelente rendimento, superior a 95%.

A frequência da corrente de saída (velocidade da bomba) é variável, de modo a adaptar a potência absorvida à potência fornecida pelos painéis. Além disso, um dispositivo de controlo por microprocessador garante que os painéis são sempre utilizados na potência máxima.

Por fim, o inversor está equipado com uma série de protecções (sobreaquecimento, sobrecorrente, baixo nível de água no furo, etc.) e um sistema de paragem quando o reservatório está cheio. A sua construção robusta e estanque e a escolha de componentes testados e comprovados tornam-no altamente fiável nas condições de funcionamento mais difíceis.

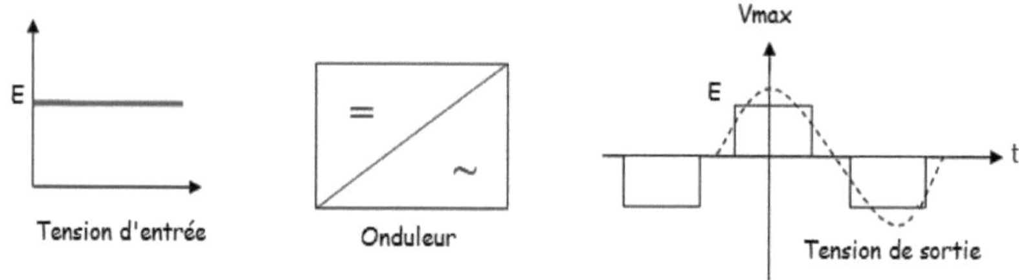

Figura 15Conversor CC-CA [6].

2.5. Área de armazenamento

Nos sistemas de bombagem solar, a energia pode ser armazenada de duas formas: energia eléctrica ou água. Este último método é frequentemente adotado porque é mais prático armazenar água em reservatórios do que energia eléctrica em acumuladores pesados, caros e frágeis, e a eficiência energética é melhor quando não há acumuladores.

A energia fornecida pelos geradores fotovoltaicos é cara, apesar da diminuição do custo por watt-pico. Por conseguinte, é necessário fazer funcionar estes geradores na sua potência óptima.

Conclusão

Neste capítulo apresentámos os componentes essenciais de um sistema de bombagem solar fotovoltaico e as suas principais funções, cada um por si, o que nos levou a compreender que: a bombagem solar fotovoltaica continua a ser a tecnologia mais utilizada porque utiliza reservatórios para armazenamento em vez de baterias, o que pode reduzir os custos de investimento. Dado o papel que estes elementos desempenham neste sistema, é essencial dimensioná-los sempre que possível antes de projetar um sistema deste tipo, o que será objeto do próximo capítulo desta dissertação.

CAPÍTULO 3: DIMENSIONAMENTO DE UM SISTEMA DE BOMBAGEM SOLAR FOTOVOLTAICO

Introdução

Dimensionar um sistema fotovoltaico significa determinar todos os elementos da cadeia fotovoltaica para garantir um bom fornecimento de energia, com base em factores como a insolação e o perfil de carga. Em todos os casos, é necessário conhecer as necessidades hídricas e o potencial de energia solar do local em causa. Isto permite-lhe escolher corretamente os módulos fotovoltaicos, a sua disposição e estrutura de suporte, bem como a escolha dos componentes eléctricos para regular e proteger o sistema e os seus utilizadores.

Neste capítulo vamos analisar a metodologia de dimensionamento de um sistema de bombagem solar fotovoltaico. O procedimento geral permitirá dimensionar aproximadamente os elementos de uma bomba, de modo a obter uma ordem de grandeza desses elementos.

3.1. Metodologia

Um sistema de bombagem pode ser projetado analiticamente ou através de software.

3.1.1. Métodos analíticos

Os métodos analíticos são aqueles para os quais todos os cálculos e seleção de elementos podem ser efectuados manualmente, tendo em conta os parâmetros principais, bem como a informação disponível no local de estudo.

3.1.2. Métodos que utilizam software

O método do software não é necessariamente complexo. Trata-se de um método de otimização dos cálculos. Pode ser aplicado independentemente da dimensão do sistema.

3.2. Estado do local

O local de estudo em causa situa-se nas instalações do CNES. Trata-se de um campo de moringa distribuído num terreno retangular com 49 m (quarenta e nove metros) de comprimento e 22 m (vinte e dois metros) de largura, o que dá uma superfície de 1078 m² (mil e setenta e oito metros quadrados). O local já possui um poço perfurado com uma profundidade total de 45 m (quarenta e cinco metros), um tanque de plástico para armazenamento de água colocado a uma altura de 5 m (cinco metros) acima do solo sobre um suporte de laje de betão com 3 m (três metros) de altura e cavilhas. A distância entre o poço e o tanque é de 25 m (vinte e cinco metros).

O trabalho envolve o dimensionamento de um sistema de bombagem solar fotovoltaico no local para que o campo possa ser irrigado por gotejamento.

Fotografia 1Campo a ser irrigado

Fotografia 2Depósito de armazenamento

3.3. Irrigação por gotejamento

A irrigação por gotejamento é também conhecida como irrigação localizada ou micro-irrigação.

". Chama-se rega de "infiltração" quando é efectuada com tubos filtrantes enterrados. A rega gota-a-gota está a tornar-se cada vez mais popular como forma de fazer face à escassez de água. Caracteriza-se por um fornecimento localizado, frequente e contínuo de água, utilizando caudais reduzidos a baixas pressões. Apenas a parte do solo utilizada pelas raízes é continuamente humedecida. Isto reduz a evaporação, preserva a estrutura do solo e reduz as ervas daninhas. Este sistema também pode ser utilizado em campos com topografia e configuração irregulares, solos pesados que racham no verão, ou solos leves e filtrantes. A elevada frequência de rega dilui os sais presentes na solução do solo sob o distribuidor e mantém-nos na periferia do bolbo húmido.

3.4. Dimensionamento pelo método analítico

Há dois objectivos principais no dimensionamento do sistema solar que aqui estudamos: poupar água e poupar dinheiro. Por outras palavras, um sistema fotovoltaico adequadamente dimensionado para bombear água para rega gota-a-gota deve ser capaz de satisfazer as necessidades energéticas esperadas, sendo o menos dispendioso, tanto no momento da instalação como durante a fase de produção, e deve funcionar durante um período razoável para garantir a sua amortização.

Por este motivo, devem ser seguidos os seguintes passos para obter um dimensionamento ótimo:

- ✓ Determinação das necessidades hídricas do campo a irrigar ;
- ✓ Cálculo da energia hidráulica necessária ;
- ✓ Dimensionamento e seleção do tipo de bomba motorizada ;
- ✓ Estimativa da energia solar disponível ;
- ✓ Dimensionamento do gerador fotovoltaico.

3.4.1. Determinação das necessidades hídricas do campo a irrigar

No caso da irrigação por gotejamento, a água é vertida sobre a planta com a maior frequência possível ou de forma contínua, e numa base diária. Quanto à determinação da quantidade de água a ser fornecida (Q), a irrigação deve ser efectuada de forma a compensar as perdas por evaporação e evitar a salinização da rizosfera. [3]A Moringa, que é classificada como uma cultura de horta, tem uma necessidade de água estimada em 60m³/dia/ha, como mostra a tabela abaixo.

Tabela 1Necessidades de água

Irrigação	Caudal $Q(m^3$/dia/ha)
Agricultura vegetal	60
Arroz	100
Sementes	45
Cana-de-açúcar	65
Algodão	55

Para este estudo, o nosso campo cobre uma superfície de 1078 m², ou seja, 0,1078 ha. Consequentemente, a necessidade de água para o nosso campo é :

$$Q = 60 \times 0,1078 \qquad (2.1)$$

Q= 6,468 m³ /dia; Q≈ 6,5 m^3/dia

3.4.2. Cálculo da energia hidráulica necessária

Uma vez definido o volume de água necessário para cada mês do ano e as características do poço, podemos calcular a energia hidráulica média diária e mensal necessária utilizando a relação :

$$E_h = C_h \; x \; Q \; x \; H_{MT} \qquad (2.2)$$

Com :

E_h : Energia hidráulica (Wh/d)

C_h Constante hidráulica (kg.s.h/m²), dependente da gravidade da terra e da densidade da água

C_h = g×ʄ/3600 = 9,81× 1000/3600 = 2,725 (kg.s.h/m^2)

Q: Caudal diário (m^3)

HMT: Altura manométrica total (m)

3.4.2.1.   Total de cabeças

A altura manométrica total de uma bomba é a diferença de pressão em metros de coluna de água entre os orifícios de sucção e descarga. É determinada pela seguinte relação

$$H_{MT} = H_g + \Delta J \qquad (2.3)$$

Hg: Altura geométrica (m) ;

$$H_g = N_d + H_r \qquad (2.4)$$

$$H_{MT} = N_d + H_r + \Delta J \qquad (2.5)$$

Com :

N_d : Nível dinâmico (m)

H_r : Altura do tanque (m)

Δj Perda de carga: representa as perdas de carga produzidas pelo atrito da água nas paredes da tubagem. Estas perdas correspondem a 10% Hg.

Neste caso :

$N_s = 11$ m

$N_d = 22$ m

$H_r = 05$ m

$\Delta j = 2.7$ m

$$H_{MT} = 22 + 5 + 2.7 = 29{,}7 \; m \;_{MT}H \approx 30 \text{ m}$$

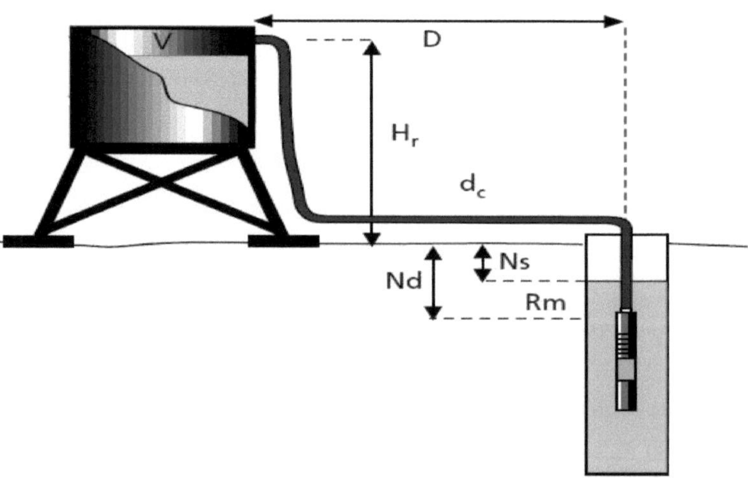

Figura 16Cabeça manométrica total (TMH) [8].

Finalmente, temos a energia hidráulica correspondente a :

$$E_h = 2{,}725 \times 6{,}5 \times 30 = \ 531{,}375 \ Wh/j$$

$E_h = 531{,}375$ Wh/d

3.4.3. Dimensionamento e escolha do tipo de bomba motorizada

A escolha da bomba dependerá das características hidráulicas da instalação proposta (caudal, HMT). A figura (3.2) apresenta uma classificação das bombas em função da altura manométrica total e do caudal necessário.

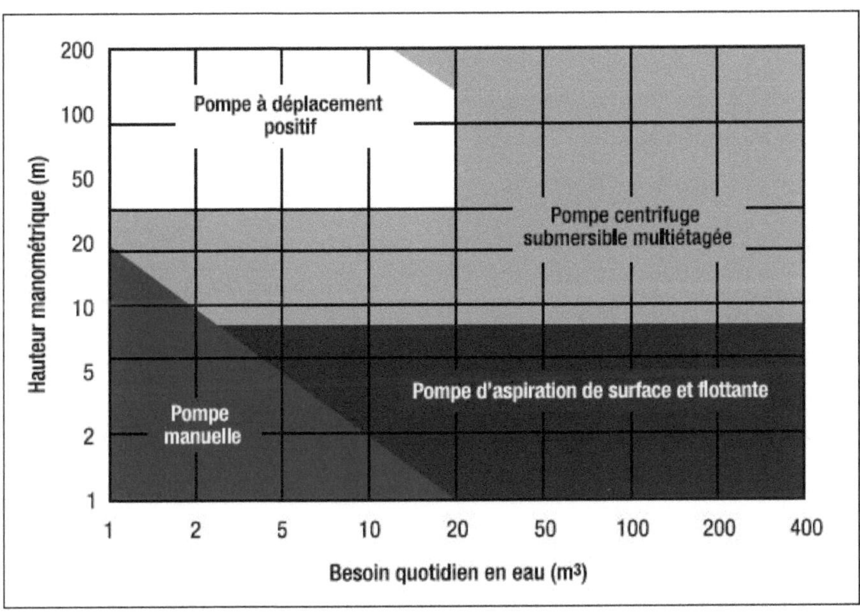

Figura 17Seleção da bomba com base no HMT e no caudal [5].

Para o nosso caudal (6,5 m^3/d) e o HMT (30 m), esta figura mostra a escolha de uma bomba de deslocamento positivo. Mas para a escolha ideal da bomba para o nosso sistema, esta também é escolhida de acordo com o HMT e o caudal horário, que é o quociente do caudal diário pela duração máxima do sol (8h para este estudo

$$Q_h = \frac{Q}{T} \qquad\qquad (2.6)$$

$$Q_h = \frac{6.5}{8} = 0{,}8125 \ m^3/h, \text{ ou seja, } 812{,}5 \ l/h$$

Daí a nossa escolha da bomba Lorentz modelo PS200-HR-07 na tabela abaixo.

Tabela 2Gama de bombas Lorentz PS200

PS200	HR-04	HR-07	HR-14
HMT(m)	0-50	0-30	0-20
^{3}Caudal máximo (m /h)	0.8	1.2	2.7
Funcionamento solar direto	24-48VDC	24-48VDC	24-48VDC
Rendimento (%)	40-60	40-61	40-62

3.4.4. Estimativa da energia solar disponível

É também conhecida como energia eléctrica. A energia necessária para elevar uma determinada quantidade de água a uma determinada altura ao longo de um dia é calculada através da seguinte equação:

$$E_{elec} = \frac{E_h}{R_{mp} \times R_{ond}} \qquad\qquad (2.7)$$

Com :

E_{elec} : Energia eléctrica (Wh/d)

E_h : Energia hidráulica (Wh/d)

R_{mp} : Eficiência da unidade da bomba

R_{ond} : Eficiência do inversor

Quando o binário é direto (sem inversor), a expressão anterior passa a ser a seguinte:

$$E_{elec} = \frac{E_h}{R_{mp}} \qquad\qquad (2.8)$$

$$E_{elec} = \frac{531.375}{0.4} = 1\ 328{,}5 \ \text{Wh/d}$$

$$E_{elec} = 1\ 328{,}5 \ \text{Wh/d}$$

3.4.5. Dimensionamento de geradores fotovoltaicos

Este dimensionamento tem em conta (aproximadamente) a potência nominal do conjunto de módulos (P_c) mais as várias perdas (conversão de tensão, regulação, etc.) e a quantidade de luz solar no local. A sua instalação (orientação) depende da sua posição geográfica (latitude). O dimensionamento efetivo, ou seja, a disposição série-paralelo dos painéis solares, é determinado em conjunto com a escolha da bomba para garantir a compatibilidade entre a oferta e a procura de energia. Vimos que as características de tensão e de corrente dos módulos fotovoltaicos e da bomba devem ser correlacionadas. Se a correlação não for respeitada, alguns elementos podem avariar. Tudo isto é escrupulosamente regulado pelo inversor, se necessário (no caso de uma bomba que funcione em corrente alternada).

O local situa-se a uma latitude 13,52° Norte, a uma longitude de 2,10° Este e a uma altitude de 207 m, correspondente à localização da cidade de Niamey (Níger), o que permite uma orientação óptima de 15° Norte-Sul para a fixação dos módulos solares.

No que diz respeito à insolação, optámos pela média anual, tendo em conta a insolação do pior mês do ano.

Esta média anual é de cerca de 5,41 kWh/m²/dia (ver anexo), especialmente para o nosso sítio.

Para determinar esta potência de pico, utilizámos a relação (2.7) e a relação (2.9) abaixo:

$$E_{elec} = P_c \times H_i \times K_p \qquad (2.9)$$

Com :

P_c : potência de pico (W)

H_i : Irradiação solar (kWh/m²/d)

K_p : coeficiente de produtividade do gerador, $K_p = 0,8$ para um sistema sem baterias

Equacionando as relações (2.8) e (2.9) obtém-se :

$$P_c = \frac{C_h \times Q \times H_{MT}}{R_{mp} \times H_i \times K_p} \qquad (2.10)$$

Daqui se deduz que :

$$P_c = \frac{E_{elec}}{H_i \times K_p} \qquad (2.11)$$

$$P_c = \frac{1\,328,5}{5,41 \times 0,8} = 306,94 \text{ WC}$$

$P_c \approx$ 307 W_c

3.4.5.1. Número de painéis

O número (N) de painéis necessários para esta instalação é determinado da seguinte forma:

$$\bullet \quad N_{sr} = \frac{V_{syst}}{V_{mod}} \qquad (2.12)$$

Com :

N_{sr} : Número de painéis em série ;

V $_{syst}$: Tensão do sistema ;

V $_{mod}$: Tensão do módulo solar.

$$N_{sr} = \frac{36}{12} = 3 \; ;$$

- $N_p = \dfrac{P_c}{N_s \times Pc_{mod}}$ (2.13)

Com :

N $_p$: Número de painéis em paralelo ;

Pc $_{mod}$ potência de pico do módulo solar, indicada na tabela (2.3) abaixo

$$N_p = \frac{307}{3 \times 110} = 0{,}93 \qquad\qquad N_p \approx 1$$

Tabela 3Características do módulo solar utilizado

Tecnologia	Sun Plus
Potência de pico	110 Wp
Vmp	18 V
Imp	6.5 A
Voc	21.6 V
Icc	7 A

Assim, a potência de pico instalada (P$_{ci}$) é dada por :

$$P_{ci} = N_{sr} \; x \; N_p \; x \; P_{cmod} \qquad (2.14)$$

$$P_{ci} = 3 \times 1 \times 110 = 330 \text{ WC}$$

3.4.6. Dimensionamento de secções transversais de cabos e tubos

- A secção transversal do cabo é determinada pela seguinte fórmula:

$$S \geq \frac{2 \; x \; \varphi \; x \; L \; x \; I}{\Delta V \; x \; U}$$

Com ; φ resistividade, que é de 0,017 Ω/mm²/m para os condutores de alumínio ;

L: comprimento 25 m; I: corrente do gerador (A); U: tensão do gerador (V) ;

ΔV Queda de tensão, it de 3% de acordo com a norma francesa C 15712

$$S \geq \frac{2 \times 0{,}017 \times 25 \times 5{,}56}{0{,}03 \times 54} \geq 2{,}91 \; mm^2$$

Escolhemos uma secção transversal de cabo standard de 6 mm², tendo em conta uma sobreintensidade em caso de curto-circuito.

- O diâmetro da tubagem foi escolhido com base na ficha técnica da bomba utilizada, que recomenda um diâmetro de 4 polegadas (4"), ou seja, 100 mm.

Em resumo, este método deu-nos os seguintes resultados:

Tabela 4Resultados do método analítico

Necessidades de água	6,5 m^3 /d
HMT	30 m
Energia hidroelétrica	531 .375 Wh/d
Energia eléctrica (solar)	1.328,5 Wh/d
Potência de pico	307 Wc
Número de painéis	3
Potência de pico instalada	330 Wp
Tensão do gerador	54 V
Corrente do gerador	6,5 A
Secção transversal do cabo	6 mm2

3.5. Dimensionamento através de software

3.5.1. Software PVsyst Versão 6.7.3

O PVsyst 6.7.3 é um pacote de software para simular e dimensionar instalações solares fotovoltaicas autónomas, ligadas à rede e bombeadas. O software foi desenvolvido pela Universidade de Genebra (Suíça) e foi concebido por André Mermoud.

O software PVsyst 6.7.3 tem várias entradas: fluxos solares médios mensais, temperaturas médias mensais, necessidades de água, escolha dos módulos fotovoltaicos e respectiva inclinação, escolha da bomba e respetivo sistema de controlo, entrada do número de dias de autonomia, taxa de cobertura solar e custo de investimento (compra de equipamento, custo de instalação do sistema).

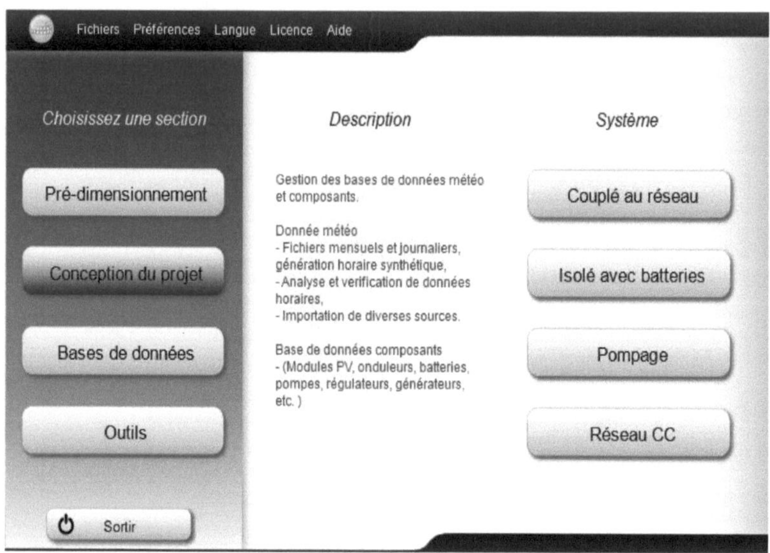

Fotografia 3Captura de ecrã da página inicial do PVsyst

3.5.2. Fases de dimensionamento

- Introduzir os dados de base (país, latitude, longitude, altitude, fuso horário) ;
- Orientação (inclinação dos colectores, irradiação anual, sazonal ou mensal) ;
- Requisitos do utilizador (características do furo e do reservatório) ;
- Sistema (autonomia, escolha dos módulos, bomba e sistema de controlo) ;
- Simulação

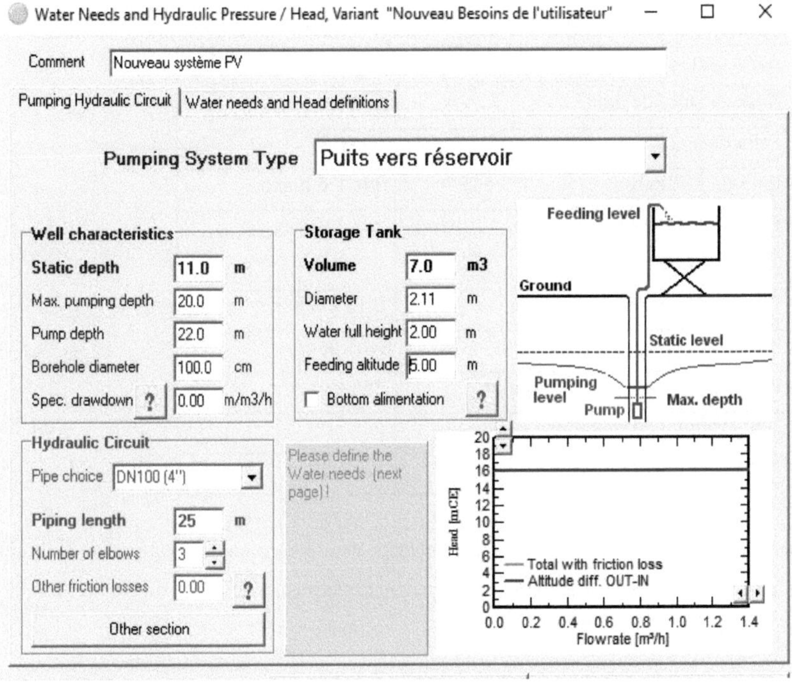

Fotografia 4Captura de ecrã do sistema de bombagem solar PVsyst

Resultados da simulação

O software utilizado para obter os nossos resultados é uma versão de avaliação (30 dias).

Os principais resultados da simulação são: água bombeada, necessidade de água, água em falta, energia fornecida à bomba, energia não utilizada, energia específica, eficiência do sistema, potência de pico do campo, número de **módulos**, área de superfície do campo de módulos mostrados na tabela abaixo:

Tabela 5Resultados da simulação PVsyst

Água bombeada	2 373m^3/ano
Necessidades de água	2 373m^3/ano
Falta de água	0,0%
Energia na bomba	341 kWh/ano
Energia fotovoltaica não utilizada (depósito cheio)	141 kWh/ano
Energia específica	0,13 kWh/m^3
Eficiência do sistema	64,6 %
Potência de campo total Nominal	255 Wp
Número total de módulos	3
Área total do módulo	1,9 m^2

Este quadro resume os resultados da simulação. Para a escolha dos componentes (bomba, módulo, dispositivo de controlo) e respectivas características, ver os anexos (relatório de simulação).

Conclusão

No final deste capítulo, desenvolvemos as etapas de dimensionamento de um sistema de bombagem solar fotovoltaico em dois métodos, um método analítico e um método de software, que são aplicados a um caso real. Todos estes métodos requerem critérios diferentes para a escolha dos componentes.

Os resultados obtidos nesta secção são específicos para o sistema de bombagem solar fotovoltaico do CNES concebido para abastecer um campo de 0,1078 ha com uma necessidade de água de 6,5 m^3/dia.

No entanto, a instalação e a criação de um sistema deste tipo requerem um certo custo de investimento para um funcionamento ideal, o que nos levará a realizar um estudo económico do sistema no próximo capítulo.

CAPÍTULO 4: ESTUDO ECONÓMICO

Introdução

A análise económica dos sistemas fotovoltaicos (bombagem, iluminação) é cada vez mais importante, agora que esta tecnologia está suficientemente madura para competir com os sistemas convencionais (rede interligada, diesel). Esta análise económica é essencial para tomar decisões de investimento informadas, comparar as previsões com a realidade dos projectos e programas, quantificar a rentabilidade dos serviços prestados pelo sistema e motivar os decisores, os investidores e os potenciais utilizadores.

4.1. Orçamento previsional para o método analítico

Para o efeito, indicámos no quadro seguinte o preço dos diferentes componentes, a fim de estimar o custo total do investimento.

Tabela 6Custos de investimento 1

N°	Componentes	Preço unitário (F CFA)	número	Preço total (F CFA)
1	Módulo solar	90 000	3	270 000
2	Fixação dos módulos	12 500	3	37 500
3	Bomba	1 200 000	1	1 250 000
4	Tubagem (55 m)	6 000	55	330 000
5	Cabo de um rolo ($4\times 6\ mm^2$)	5 000	100	500 000
6	Engenharia civil e acessórios	900 000	1	900 000
7	Custo total do investimento			3 287 500

4.2. Orçamento previsional para o método do software

Esta parte foi compilada no próprio software, que tem uma fase de avaliação económica imediatamente antes da simulação, que dá o seguinte resultado:

Tabela 7Custos de investimento 2

N°	Componentes	Preço unitário (F CFA)	número	Preço total (F CFA)
1	Módulos fotovoltaicos (Pnom = 85 Wp)	75 000	3	225 000
2	Apoio e integração	12 500	3	37 500
3	Bomba (Pnom = 190 W)	1 000 000	1	1 000 000
4	Regulador, conversor	55 000	1	55 000
5	Construção, cablagem	5 000	100	500 000
6	Tubagem	6 000	55	330 000
7	Engenharia	900 000	1	900 000
8	Custo total do investimento			3 047 500

4.3. Fiabilidade do sistema

4.3.1. Manutenção do sistema

A manutenção é o conjunto de acções que permitem manter ou repor um bem num estado claramente especificado; manter bem é assegurar que estas operações sejam efectuadas com um custo global mínimo. As principais actividades de manutenção são :

- prevenção: visitas, inspecções ;

- introdução: revisões, reparações ;

- melhoria: renovações, modernizações.

A manutenção, quer seja preventiva (sistemática ou condicional) ou correctiva (resolução de problemas ou reparação), deve estar estreitamente ligada ao funcionamento do sistema. No entanto, este sistema não requer necessariamente uma grande manutenção. A manutenção principal é efectuada nos módulos solares e na bomba, da seguinte forma

✓ Os módulos têm de ser limpos regularmente (à noite ou de manhã cedo todos os dias ou 3 ou 4 vezes por semana) devido ao pó.

✓ Verificar se o painel solar não está parcialmente sombreado.

✓ Se um módulo falhar, é substituído por outro módulo idêntico.

✓ É necessária uma limpeza regular da bomba, pelo menos de dois em dois anos, devido às lamas.

4.3.2. Vida útil do sistema

A tabela seguinte mostra a vida útil dos vários componentes do nosso sistema de bombagem fotovoltaica:

Mesa 8Vida útil do componente

Componentes	Vida útil
Módulo solar	25 anos de idade
Fixação dos módulos	25 anos de idade
Bomba	18 anos de idade

4.4. Estudo de rentabilidade económica

É interessante avaliar estes sistemas para ver até que ponto são rentáveis a longo prazo. Trata-se de um reflexo prático da sua importância. Para isso, avaliamos o custo total da utilização de uma bomba com motor a gasóleo e a sua amortização, a fim de estimar as poupanças potenciais ao substituir o sistema de bombagem convencional por um sistema de bombagem solar fotovoltaico.

Escolhemos a bomba motorizada Yamaha YP 20C, que tem uma vida útil de 2 anos a 2 horas por dia e um caudal máximo de 36 m³ /h.

Tabela 9Custo de utilização da bomba motorizada durante 2 anos

Designação	Preço F CFA
Bomba a motor	320 000
Consumo de combustível (2l/d)	788 400
Drenagem de 2 em 2 semanas	78 000
Manutenção e reparação	50 000
Custo total	1 236 400

Se olharmos com atenção, o custo de utilização da bomba clássica com motor durante 2 anos é de um milhão duzentos e trinta e seis mil e quatrocentos francos CFA (1.236.400 francos CFA). Assim, utilizar a motobomba durante 6 anos custará três milhões setecentos e nove mil e duzentos francos CFA (3.709.200 francos CFA), o que é ainda mais do que o investimento no nosso sistema fotovoltaico (3.287.500 francos CFA), que tem uma duração mínima de dezoito anos (18 anos).

Se calcularmos o custo da bomba motorizada para um período de 18 anos, este será de onze milhões cento e vinte e sete mil e seiscentos francos CFA (11 127 600 F CFA), enquanto a bomba solar fotovoltaica custará três milhões duzentos e oitenta e sete mil e quinhentos francos CFA (3 287 500 F CFA) **para o** mesmo período.

Neste caso, ao utilizar a bombagem solar, o agricultor beneficiará de um sistema de bombagem gratuito durante 12 anos, ao contrário daquele que utiliza a motobomba, o que lhe permitirá economizar uma soma de sete milhões oitocentos e quarenta mil e cem francos CFA (7.840.100 F CFA) em comparação com aquele que utilizou a motobomba durante 18 anos.

Conclusão

A eficácia de qualquer sistema depende do seu custo e da sua duração de vida. O objetivo do estudo aqui apresentado é, portanto, determinar o preço de todos os componentes do nosso sistema, a fim de estimar o custo total do sistema (capaz de abastecer o campo CNES), que ascende a um máximo de três milhões duzentos e oitenta e sete mil e quinhentos francos CFA (3.287.500 francos CFA).

É certo que o custo é um pouco elevado para um arranque, mas se tivermos em conta a baixa manutenção exigida pelo sistema e a sua duração de vida antes da amortização (18 anos no mínimo), em comparação com a utilização de uma bomba motorizada convencional, tornam o nosso sistema: eficiente, fiável e economicamente rentável.

Conclusão geral - Recomendações

A procura mundial de energia está a mudar rapidamente e os recursos energéticos naturais, como o urânio, o gás e o petróleo, estão a diminuir devido à utilização generalizada e ao desenvolvimento da indústria nos últimos anos. Para cobrir as necessidades energéticas, está a ser desenvolvida investigação no domínio das energias renováveis. Uma das energias renováveis que pode satisfazer a procura é a energia solar fotovoltaica, que é limpa, silenciosa, disponível e "gratuita". Isto explica porque é que a sua utilização está a crescer significativamente em todo o mundo.

Esta tese centrou-se no estudo de um sistema de bombagem solar fotovoltaico. O sistema estudado pode ser considerado uma solução ideal para o abastecimento de água potável a regiões pouco povoadas e isoladas, porque é simples de instalar e pode ser adaptado para satisfazer uma variedade de necessidades energéticas, e os custos de funcionamento são aceitáveis, dada a baixa necessidade de manutenção. Além disso, a energia fotovoltaica é totalmente escalável, pelo que pode responder a uma vasta gama de necessidades. A dimensão da instalação pode também ser aumentada posteriormente para responder às necessidades do proprietário.

No estudo de caso, o trabalho consistiu em dimensionar um sistema de bombagem solar fotovoltaico para irrigar um campo de 0,1078 ha **de** moringa utilizando irrigação gota a gota localizado nas instalações do CNES na cidade de Niamey. Isto levou-nos a apresentar e dimensionar os principais componentes do sistema, um a um. Qualquer que seja o método de dimensionamento, é necessário dispor de informações meteorológicas históricas e actuais precisas, tanto para o cálculo das necessidades hídricas do campo a irrigar como para o cálculo e dimensionamento da matriz fotovoltaica.

No entanto, é importante salientar que o cálculo da dimensão do gerador envolve frequentemente um certo grau de incerteza. Há duas razões principais para esta incerteza: a primeira está relacionada com a natureza aleatória da radiação solar, que muitas vezes não é bem conhecida. A segunda está ligada à dificuldade de estimar as necessidades de água. Por conseguinte, é aconselhável tomar precauções ao escolher o tipo de bomba e o tamanho do gerador.

Finalmente, foi apresentado um estudo económico para determinar não só o custo do sistema a instalar no CNES, mas também para avaliar a sua rentabilidade em relação à utilização da motobomba a gasóleo. Assim, é importante lembrar que um sistema deste tipo pode aumentar a taxa de acesso à água potável, nomeadamente nas zonas rurais, e aumentar substancialmente a produção agrícola nacional através do desenvolvimento de pequenas áreas agrícolas de regadio.

Recomendações

As nossas recomendações são as seguintes:

- ❖ **Para a organização de acolhimento**
  - Criar uma equipa técnica para supervisionar o sistema fotovoltaico e a linha de gotejamento;
  - Aumentar o volume da capacidade de armazenamento ;
  - Criar uma rede wifi no interior da estrutura para facilitar a pesquisa de documentos, nomeadamente para os serviços de Investigação e Engenharia.
- ❖ **Para os agricultores**
  - Substituir o sistema de bombagem convencional por bombagem solar fotovoltaica
- ❖ **Pelo Estado do Níger**
  - A promoção de um projeto deste tipo a nível nacional poderia levar a um aumento significativo da produção agrícola nacional com vista a alcançar a autossuficiência alimentar;
  - Subsidiar o preço de todos os equipamentos solares para os tornar disponíveis e acessíveis a todos, a fim de colmatar o défice energético e tirar partido desta tecnologia, que será, sem dúvida, a energia do futuro.

Bibliografia

[1]. Arquivos do CNES 2017-2018

[2]. M. Samey Manou, Estudo de viabilidade para a construção de uma estação autónoma de abastecimento de água por energia solar PEA em Chinaoua Haoussa, comuna rural de Ourno, departamento de Madaoua, região de Tahoua; 2002

[3]. Tese: Ilyass Boudouar e Khalid Melouard (maio de 2017); Dimensionamento e instalação de um sistema de bombagem fotovoltaico, Universidade Ibn Zohr - Agadir (Argélia)

[4]. Dissertação: lary Ligring (outubro de 2012); Estudo para a implementação do

Bombeamento solar de um campo de nove hectares para irrigação por gotejamento em seheba, au

Chade, Instituto Internacional de Engenharia da Água e do Ambiente (Burkina Faso)

[5]. Dissertação: Thierry Maurice (fevereiro de 2007); Sistema fotovoltaico: dimensionamento para bombagem de água, para irrigação gota a gota, Universidade de Ouagadougou (Burkina Faso)

[6]. Tese: Degla Mohammed Larbi e Ben Ahmed Bachir (maio de 2017); Dimensionamento de um sistema de bombagem fotovoltaico, Université Kasdi Merbah Ouargla (Argélia)

[7]. Dissertação: Amal Resfa (junho de 2007); Estudo de um sistema de bombagem fotovoltaico, Universidade Aboubakr Belkaïd (Argélia)

Webografia :

[8].   www.africarriatenergie.com; consultado em maio de 2018

[9].   www.lorentz.de; consultado em junho de 2018

[10].   www.pvsyst.com; consultado em julho de 2018

[11].   https://www.memoireonline.com; consultado em julho de 2018

Índice

Printed by Books on Demand GmbH, Norderstedt / Germany